我的第一本科学漫画书

科学实验王

升级版

KEXUE SHIYAN WANG

3 光的折射与反射

GUANG DE ZHESHE YU FANSHE

[韩] 小熊工作室/著

[韩] 弘钟贤/绘

徐月珠/译

审订序

通过实验培养创新思考能力

少年儿童的科学教育是关系到民族兴衰的大事。教育家陶行知早就谈道："科学要从小教起。我们要造就一个科学的民族，必要在民族的嫩芽——儿童——上去加工培植。"但是现在的科学教育因受升学和考试压力的影响，始终无法摆脱以死记硬背为主的架构，我们也因此在培养有创新思考能力的科学人才方面，收效不是很理想。

在这样的现实环境下，强调实验的科学漫画《科学实验王》的出现，对老师、家长和学生而言，是件令人高兴的事。

现在的科学教育强调"做科学"，注重科学实验，而科学教育也必须贴近孩子们的生活，才能培养孩子们对科学的兴趣，发展他们与生俱来的探索未知世界的好奇心。《科学实验王》这套书正是符合了现代科学教育理念的。它不仅以孩子们喜闻乐见的漫画形式向他们传递了一般科学常识，更通过实验比赛和借此成长的主角间有趣的故事情节，让孩子们在快乐中接触平时看似艰深的科学领域，进而享受其中的乐趣，乐于用科学知识解释现象，解决问题。实验用到的器材多来自孩子们的日常生活，便于操作，例如水煮蛋、生鸡蛋、签字笔、绳子等；实验内容也涵盖了日常生活中经常应用的科学常识，为中学相关内容的学习打下基础。

回想我自己的少年儿童时代，跟现在是很不一样的。我到了初中二年级才接触到物理知识，初中三年级才上化学课。真羡慕现在的孩子们，这套“科学漫画书”使他们更早地接触到科学知识，体验到动手实验的乐趣。希望孩子们能在《科学实验王》的轻松阅读中爱上科学实验，培养创新思考能力。

北京四中 物理教研组组长 物理高级教师 厉璀琳

伟大发明大都来自科学实验！

所谓实验，是为了检验某种科学理论或假设而进行某种操作或进行某种活动，多指在特定条件下，通过某种操作使实验对象产生变化，观察现象，并分析其变化原因。许多科学家利用实验学习各种理论，或是将自己的假设加以证实。因此实验也常常衍生出伟大的发现和发明。

人们曾认为炼金术可以利用石头或铁等制作黄金。以发现"万有引力定律"闻名的艾萨克·牛顿（Isaac Newton）不仅是一位物理学家，也是一位炼金术士；而据说出现于"哈利·波特"系列中的尼可·勒梅（Nicholas Flamel），也是以历史上实际存在的炼金术士为原型。虽然炼金术最终还是宣告失败，但在此过程中经过无数挑战和失败所累积的知识，却进而催生了一门新的学问——化学。无论是想要验证、挑战还是推翻科学理论，都必须从实验着手。

主角范小宇是个虽然对读书和科学毫无兴趣，但在日常生活中却能不知不觉灵活运用科学理论的顽皮小学生。学校自从开设了实验社之后，便开始经历一连串的意外事件。对科学实验毫无所知的他能否克服重重困难，真正体会到科学实验的真谛，与实验社的其他成员一起，带领黎明小学实验社赢得全国大赛呢？请大家一起来体会动手做实验的乐趣吧！

目录

第一部 秘密就在镜子里！ 10

[实验重点] 镜子的特征

金头脑实验室 出现吧，硬币！消失吧，硬币！

第二部 谁叫醒公鸡？ 36

[实验重点] 光合作用、植物与光的关系

金头脑实验室 改变世界的科学家——爱因斯坦

第三部 面临危机 68

[实验重点] 潜望镜的原理、光的反射、光的折射

金头脑实验室 如何运用凸透镜与凹透镜？如何运用棱镜？

第四部 缺席等于解散？ 106

[实验重点] 光的种类、质能互换理论

金头脑实验室 用手电筒表演光魔术

第五部 神秘的指导老师 138

[实验重点] 光的性质、能量的转换

金头脑实验室 光的种类与性质

第六部 反败为胜 176

[实验重点] 眼睛的屈光异常与矫正方法

金头脑实验室 照相机的科学原理

人物介绍

范小宇

所属单位：黎明小学实验社

观察报告：

经常迟到，且自认为是个天才。对士元有强烈的竞争意识。向他人介绍自己是黎明小学实验社的王牌。

观察结果：虽然平常有点吊儿郎当，但在紧要关头却能表现出异于常人的专注力和临场反应能力。

江士元

所属单位：黎明小学实验社

观察报告：

具有过人的才智与判断力，是黎明小学实验社的领导人物。因特应性皮炎而接受长期治疗。

观察结果：个性执着的他，开始逐渐表现出对实验社的认同。

罗心怡

所属单位：黎明小学实验社

观察报告：

· 最喜欢江士元和实验。

· 具有丰富的实验理论知识。

· 总是能详细说明小宇和聪明所不了解的科学知识。

观察结果：虽然表面上看起来很柔弱，但遇到困难时永不退缩。

何聪明

所属单位：黎明小学实验社

观察报告：

· 喜欢做笔记，且了解很多常识。

· 任何新闻都逃不过他的眼睛。

观察结果：不知不觉渐渐地爱上做实验。

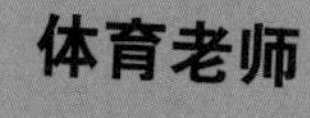

体育老师

所属单位：黎明小学

观察报告：

- 第一专长是抓迟到的学生。
- 第二专长是天下无敌K头功。

观察结果：决不允许学生迟到的魔鬼教师。

中庸小学实验社指导老师

所属单位：中庸小学

观察报告：

- 以优异的指导能力而颇具名气。
- 为了达到自己的目的而不惜利用学生。

观察结果：一旦陷入窘境，就会把责任推给学生的卑鄙男人。

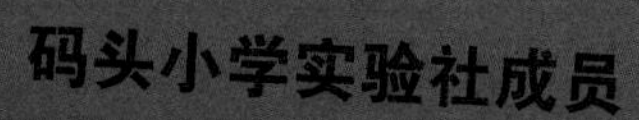

码头小学实验社成员

所属单位：码头小学实验社

观察报告：

无拘无束的码头小学实验社领导人物。总是泰然自若，充满信心。

观察结果：对江士元颇有竞争意识。

其他登场人物

❶ 跆拳道神童林小倩

❷ 身份不明的黎明小学实验社指导老师

❸ 总是对实验社表达最大关怀的黎明小学校长

第一部

秘密就在镜子里！

呼呼！
呼呼！

啊，不要！
我不要！
唰
唰

让开！让开！
嗖
嗖
嗖

搞什么？
啊，
我又要迟到了！

当
嚓

暗示
点头

举手
8点30分！时间到，你们统统记迟到一次！
啊，不会吧！
啊！

你给我站住！
啪
啊！

放手！
老师，请您放我一马！
拜托！
号啕大哭

沙沙
你闹够了没有？
惊吓
我不敢。
你……该不会想打我吧？

到那边去举手罚站！
趁现在！
好。

你敢？给我站住！
嗖！
啪
啊！救……救命啊！

哼，你以为能逃得过我林小倩的视线范围吗？
可惜！
啪
停顿！
我感觉到一个身影闪过……
转头
身影
你给我站住！
向前冲！
怎么会没人呢？奇怪了……
嗯？

这一带的地理环境
我可是了如指掌！
黎明小学
嘿嘿，想要抓我，
门儿都没有……

拿起
再加上
……

我甚至知道这里有一个
秘密通道。嘿嘿嘿！
出现

我范小宇怎么可能
会被老师抓到呢？

偷瞄

哦，
是小倩！
惊吓

吓我一跳。你在
这里做什么？
偷偷
接近

啪！
哎呀！

这是谁啊？
这不是实验
社的调皮鬼
范小宇吗？

啊哈哈！
老师，是我搞错了校门口的位置。抱歉！
怒火燃烧
那么我这就去上课……
发热
你干什么！
啪！
啊！

想逃跑？你忘了我还没有使出我的必杀技吗？
吊起
发飙！

老师，我错了，
请……请您高抬
贵手……
发抖
迟到也就罢了，居然还敢
明目张胆地欺骗老师！

把头伸过来！
天下无敌铁头功！
破裂声
哎呀……！
呜啊啊啊啊啊！

咯咯咯咯咯咯
教务处
你们看到没有，
我讲得没错吧？
我的预感是对的！

自从成立实验社之后，不仅提升了全校学生对科学的求知欲，本校这次的考试成绩……
497
509
更正式名列县内前500名！

前500名！
你们能
相信吗？
哈哈哈！

这一切都要归功于我们的柯老师！
啪！
嗯？
哈哈哈

还有，在他的带领下，本校将有机会晋级本届实验大赛的锦标赛，
所以其他老师也要加油啊！

哇哈哈哈
呃……我们真的是第497名吗？

悠哉
我好怕哟。如今我们两校之间只差492个名次而已！
只要公布成绩，他果然就会出现！
悠哉

哼！我早就料到你会出现。不过那又能怎样，我们已经不是过去排名500名以外的黎明小学了！
嘿嘿嘿
呵呵呵
哼，不过是挤进县内500名，就让你如此得意！看来你真不是我的对手啊！
校长室
我们到里面去泡茶聊天吧！
好啊！
咔嚓

校长室
啪

呼，我们的校长实在太单纯了。
咦？

他竟然认为学校总成绩的提升，都是托实验社的福。
摇头
摇头
唰
没错！
照他的逻辑，如果我们跆拳道社夺下全国冠军，全县师生不就都跑来学跆拳道了！
全国冠军
锵锵
哈哈哈，听起来还真有道理呀！
坦白说，我相信实验社的成员除了上实验课的时间外，应该对实验毫无兴趣。
其实我也是这么认为的！

除了上实验课的时间外，对实验毫无兴趣？是这样吗？
七嘴八舌
呼呼

叮咚当
望远处
喂，你在那里干吗？
我们来踢足球吧！

奇怪了……
从这里明明看不到左边的转角，他们是怎么看到我的？

笨蛋，他们一定是看到你路过了嘛！
发飙
不，那是不可能的！

唉，气死我了！
这么一来，我就完了！
懊恼
无论如何，我一定要找出被发现的原因！
以后不要再迟到不就得了。
懊恼

啊，我想到了！
聪明，你过去那里，然后从秘密通道爬进来看看。

哎，你把我当老鼠啊？
哼
先说好，条件是等一下你要陪我踢足球。

你要我跑是不是？
赶快跑啊！
秘密通道

睁大眼
好，范小宇！
睁大眼睛！
我一定要查出
事情的真相！
石化
你干吗一个人在那里
喃喃自语呀？
黎明小学
你看，我什么
都没有看到！
你说体育老师到底
是怎么看到我的？
大发雷霆
会不会是这个？能够看到
千里之外物体的千里眼！
翻阅

注[1]：我国人民习用的长度单位，1里=500米。

就算视力再怎么
好也不可能……

惊
吓
等等！
不是
那里，

咚
是这里！
咚
咚

我是从
那里看
到你的。
嗯？
那是……

巷口交叉处怎
么会有镜子？

听说那叫反射镜。
是老师先看到你的，
后来我也发现你从
洞口爬进去。
锵

聪明，
你再过去
那边……
不要！

啊，那是！

是……是心怡！
嗯？心怡？
在哪里？
所以她应该会出现在左边的转角处！
反射镜是照着文具店的方向……
你看！心怡！
哦！
嗨！

你们在这里干吗？
午餐时间快要结束了！

没事。
你呢？
我刚才去文具
店买东西。
原来如此！

原来秘密就在这面
镜子里……
嗯？
呵呵呵呵呵

你说那个镜子
叫什么来着？
小倩……
？

哦，人呢？
幻觉……？
你是在说那
个道路反射
镜吗？

对，
反射镜！
你从那边走过来时，
我是从镜子里面
看到你的。

嗯，这就是反射镜
的主要功能。
尤其是在开车时，
有助于预防意外
事故的发生。
嘀嘀嘀

不过镜子的形状
很特别呢！
那是因为反射
镜是用凸面镜
做的。
凸面镜
凹面镜
镜子的反射面向外凸出的
就是凸面镜，向内凹进去
的就是凹面镜。
因为凸面镜的反射
范围比平面镜还要
宽广许多，所以能
够很轻易地观察左
右的路况。
凸面镜
凹面镜
平面镜

利用这种镜子或镜片
做实验也很有趣哟！
心怡，你
实在是太
完美了！

原来如此，
害我差点儿相信
体育老师是个
千里眼。
哇哈哈
啊？

范小宇，这样
你开心了吗？
当然啰……
呼呼呼呼

既然已经找到答案了，
只要想办法躲过
反射镜……
我就再也不怕迟到
被抓了！
无奈
哈哈
哈哈

光是一位伟大的魔术师。它可以让河川的深度看起来比实际还要浅，也可以让浸泡在水里的腿看起来比实际还要短，甚至可以在沙漠或大海上制造出海市蜃楼。此外，它可以使我们原本看不到的硬币出现，也可以使我们原本看得到的硬币消失。你也想成为魔术师吗？那就跟着我们一起做实验吧！

实验1　出现吧，硬币！

准备物品：大碗、水、硬币

❶ 先将硬币放入碗内，之后将视线维持在只能看到1/3硬币的角度。

❷ 维持视线角度，将水慢慢倒入碗内。

❸ 碗内倒满水后，原本只露出1/3的硬币会完整地出现在眼前。

这是什么原理呢？

光的特性之一，就是从一种介质斜射入另一种介质时，会改变前进的方向，这种现象我们称为“折射”。这是因为光在不同介质中的行进速度一般是不同的。

当我们在碗内倒满清水后，眼睛之所以可以看到完整的硬币，是因为由硬币发出的光从水中进入空气中时产生了折射。我们将吸管插入水杯，或将双腿浸泡在河里时，会看到吸管弯折，或双腿变短，都是同样的原理。

实验2　消失吧，硬币！

准备物品：透明玻璃杯、水、硬币、正方形卡纸（需要盖住杯口）

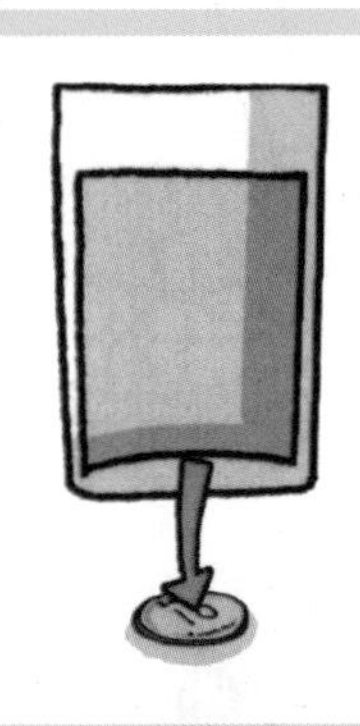

❶ 把硬币放在桌上，然后把玻璃杯放在上面。

❷ 往玻璃杯内倒水，并从侧面观察杯子下面的硬币。

❸ 水装满杯子后，把卡纸盖到杯子上，从侧面观察，硬币竟然消失了！

这是什么原理呢?

用玻璃杯盖住的硬币之所以会凭空消失，秘密就在于光的“全反射”。简单来说，光的“全反射”就是光无法穿透某介质，而全部被反射回原介质内的现象。换句话说，我们之所以看不到硬币，是因为光无法到达我们的双眼。

全反射现象必须同时满足两个条件：

1. 当光从光密介质(即光在此介质中的折射率较大)，进入光疏介质（即光在此介质中的折射率较小）时。例如从玻璃进入空气。

2. 当入射角大于某个角度时，才会发生全反射现象，而这个角度称为“临界角”。只有入射角大于临界角，全部光才会被反射回第一个介质，无法进入第二个介质。

第二部

谁叫醒公鸡？

各位同学，我们
绝不能因为上一场预赛
获胜而感到骄傲。
听清楚！
咕噜……
啪

下一场比赛的对手是在
上一届大赛勇夺第4名
的码头小学。
码头小学
第4名
嗖
风云小学
第25名
而码头小学的实
验社，可是以每
届比赛的优异表
现而闻名的。
第28名
第29名
第30名
第32名

砰
校长，
您放心！
高手小学实验社
您忘了我们已经打败
全国发明大赛第4名
的队伍了吗？
唰

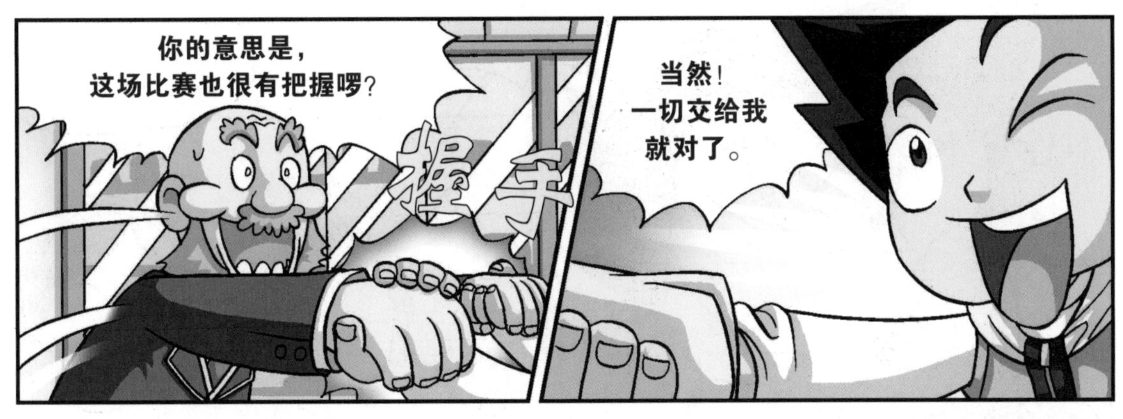
你的意思是，
这场比赛也很有把握啰？
握手
当然！
一切交给我
就对了。

哈哈哈哈，
好啊，好啊！
士元算哪根葱
嘛，哈哈哈！
转啊
转啊
唉……

他们两个越来
越像了。
啊！
嗯哼！
无论如何！
砰
第二场比赛也要
全力以赴。加油！
拜拜

哼！
很痛吗？
哈哈，我们赶紧准备做实验吧！

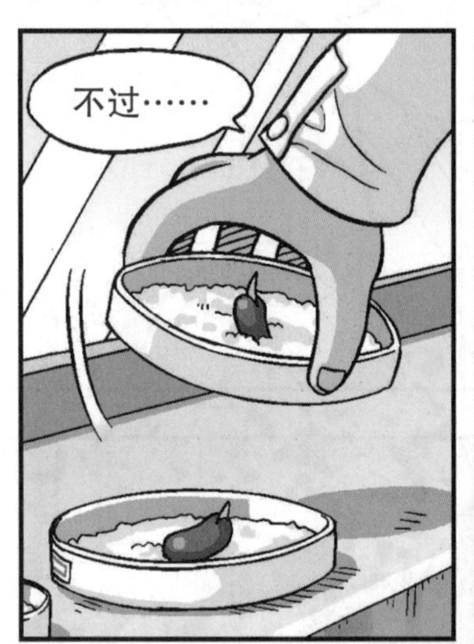

不过……

士元这家伙最近怎么老是缺课呢？
这样下去要怎么应付下一场比赛呀？
沙

你忘了他每周三都要去医院检查吗？
对，士元得了一种病！

他难道是得了……大头症？
呼
呼
呼
呼

啊，找到了！病名是……约有20%的人患有的特应性皮炎！
所谓特应性皮炎，是因遗传或环境因素所产生的免疫异常症状。而士元的病属于并发症，所以病情比一般人还要严重。

哼！再怎么样，他也不应该老是以这个借口缺课啊！

再说我们明明就是一个团队，为什么只有他有特权？
发飙
啊！
哐当

啊，碎掉了！
你又闯祸啦？
呜啊啊

这不是四年级的实验品吗？看起来好像是红豆的幼苗……

嘿嘿
只有一粒而已，应该不会被发现吧？
天啊……

先收起来吧！
你难道就不能安分一点儿吗？

我也很想啊！
哭泣

每天忙着准备实验比赛，又要打扫实验室！
还有，为了筹措给士元的赔偿金，一次兼做好多份工！
再加上我老妈今天因为闹钟坏掉而睡过头，害得我出门时连早餐都没有吃！
那就养一只鸡呀！

鸡……？
你是说“炸鸡”的鸡吗？
对呀！因为鸡总是会在黎明时鸣叫，所以可以用来当作闹钟啊！

这个主意不错呢！养一只鸡当成闹钟的替代品！
啪！

由鸡来叫醒你，
由你来叫醒你老妈！
那鸡呢？该由谁来叫醒它呢？
嗯
……
问得好啊！
你们有谁知道，
每天早上是谁叫醒鸡的呢？

砰砰
砰砰
①声音！
②震动！
③光！
④饥饿感！
咕噜噜

老师，
我知道！
沙
答案是？

答案就在“早起的鸟儿有虫吃”这句俗话里，所以……

答案是4，饥饿感！
哈哈
自作聪明！

错！
答案是3，光！
咚咚
光？

人类的两只眼睛
长在脸的正面。
刺眼
但鸟类的眼睛长在
脸的左右两侧，所以
视野范围比较大。
刺眼
哦！

哦哦
也就是说，鸟类
就算不用转头，
也可以知道光线
来自何方？

你的智商
跟鸟类差
不多，
或许你
也可以
哟！
啊？

拳打脚踢
原来，鸟类对
阳光的敏感度
更胜于人类。
哈哈
除此之外，
还有用全身感应阳光
的生物呢！

用全身感应阳光？
暂停
用全身？

注[1]：绿色植物通过其叶绿体，吸收光能，把二氧化碳和水合成有机物，同时释放氧气的过程。

应该不会那么快就枯死。
为什么？

因为植物会储存能量和养分，而且只要有阳光就能进行光合作用。
所以即便是在纸箱内，只要有一点儿阳光透进去，植物应该就可以维持生命。

那么，如果阳光从两边缝隙照入，植物会不会往两边生长呢？
植物会朝着有阳光的方向生长？
哈哈

回头

呵呵呵呵
笑什么？

新品上市，限量特卖！
送给心上人的最佳选择，
心形红豆盒！
哗哗
哗哗
心形红豆盒？
那是什么？

来来，
各位请注意！
锵
锵
现在开始，
请大家注意
听我说明！
这个盒子里
装有一个
红豆花盆！
沙

这个红豆能以心形生长的秘密，就在于“光”。
因为植物会朝着阳光处生长，所以在盒子旁边挖一个洞，
沙
洞口
花盆
红豆的茎就会朝着洞口的方向生长！
之后将两个花盆摆在一起，就会呈现心形了！
锵锵
当你把其中一个花盆，
送给你想送的人，
而对方愿意接受的话，就表示对方愿意接受你的心意！
锵锵锵

安静
价格是每对8元。用这个价钱送给好朋友一个很有心意的礼物，是不是太便宜了呢？
真的有用吗？我要买一对。
我也要！
我也要一对！
让开！是我先要的！
啊！
不要插队！
我也要！
挤成一团
等一下，大家不要急！请先排队！

特价优惠，要把握机会哟！
哇哈哈哈
小宇，我也要一对。

心怡，你也要？

竟然懂得利用植物与光的原理想出这种点子，你真了不起。
我也想买一对来试试。
开心
是吗？

好啊。站在朋友的立场，我就免费送你！
沙

真是太好了，心怡越来越懂得赞赏我的才华了！
我要杀价！

在我的字典里，没有杀价这两个字！
杀气
啊！

售完

计划成功！
真没想到这么多钱
如此轻松入袋。
哇哈哈

不过你要面对
两个麻烦。
啊？

你卖掉的可是实验
室的红豆苗哟。
要是被四年级的
学长们发现了，
你能安然无恙吗？
红豆不见了！
什么？
呼呼
哼，
真是扫兴……

站住！
嗒嗒嗒嗒
小偷
我不是没有想过，
但毕竟高利润一定
会有高风险。我就
尽量闪啰……
万一不幸被他们逮
到的话，就只好请
小倩帮我解围！

可是还有另外一个麻烦。
呼
还有什么？

我如果没有看错，
心怡也买了一对吧？
转身

是啊！
她还夸我很了不起……
啧啧，你认为心怡会把花盆送给谁呢？
心花怒放
这……

士元，这是要送给你的……
哇，好漂亮哟！

不！不！不可能！
咚咚咚

实验大赛
第二场
预赛
F组
高手小学
中庸小学
黎明小学
码头小学
人山人海
哼，士元
这家伙，我
就知道他一定
会迟到！
发飙
离比赛还有一段
时间，你放心。
老师也还
没到啊！
啊！
您辛苦了。
士元！今天这么重要的
日子，你怎么可以迟到?！
沙

我没有迟到，
是你来得太早。
真是岂有此理！

本届实验大赛的第二场预赛快要开始了。请各位尽快前往指定的实验室。
你站住啊！
不要
司仪

你们是……
黎明小学实验社吧？请前往第8实验室。
好！

啊，你们的指导老师呢？
我在这里！
嗒嗒嗒

老师……
呼呼

我的闹钟突然坏掉了，再加上早上没有听到鸡的叫声。我没有迟到吧？
没有，您来得刚刚好！
好了，请各位赶快就位。

嚓
8
第二场预赛
的场地……
就是这里！

是！

来，大家
准备好了吗？

咔嚓
哈哈！后来
呢……嗯？
咚
咚

哼……
……

啪

你好，幸会！你应该就是赫赫有名的黎明小学实验社的江士元吧？请多多指教！

嗯，好。
呼。

那家伙本来就没什么礼貌，你不要放在心上。
嗯？
你应该也听过我的名字吧？黎明小学的王牌范小宇！

范小宇？我倒是第一次听到这么特别的名字呢！

你最好给我牢牢记住！从今以后……
你会永远记住我的名字的！
是吗？

不会吧？

不以为然
这又是什么表情？这群人真是有眼不识泰山……

咔嚓
嗯，大家好！
很高兴见到你们。我是
第二场预赛的裁判。
请各位多多
指教……
我宣布比赛正式
开始！
首先，解开今天实验主题
相关加分题的队伍，即可
优先获得3分。
打开

加分题？
紧张
紧张

好，这里有两面镜子和一块橡皮。
啪

大家都知道镜子有反射物体的特性吧？加分题的题目是利用这两面镜子……

让橡皮在镜子里，成像数量最多的队伍获胜。
咚咚

那么，请两队各指派一个代表出来解题。
点头
往前
我来搞定！

咦？他们都不用经过商量的啊？他算老几啊！
哼
请多多指教！
彼此。
哦！
大发雷霆
江士元，你听到没有？我们可没有指派你做代表啊！
心怡，你快劝劝他啦！
喂，你给我回来！
小宇，你可是王牌呢！这种简单的实验就让士元去搞定嘛！
王牌？

……
也对，这种小事让士元去搞定也好。嘻嘻嘻。
沙
真是的。

嗯……
沙
橡皮变成
3块了！
沙
沙
啊！把镜子的角度
缩小后，橡皮竟然
变成4块了！
哦哦哦哦

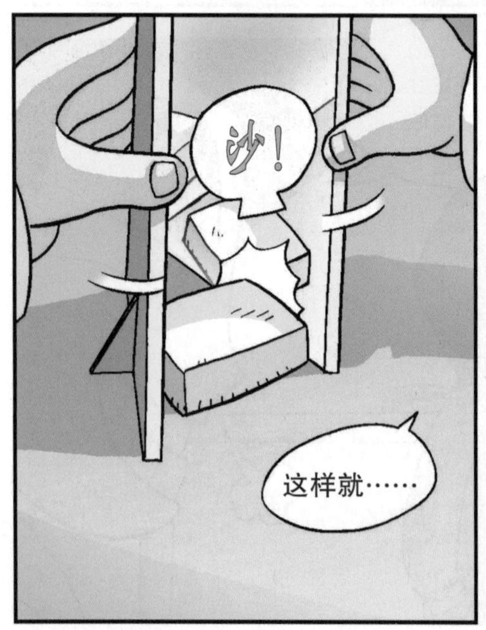
沙！
这样就……

呼
完成了！

好，现在我们一起来确认一下吧？
嗯……
我也完成了。
沙

咦？竟然让两个镜子面对面！搞什么嘛！
哼！
等……等等！
天啊……
咚咚
橡皮怎么会变得这么多呢？
太厉害了！

好，码头小学的镜子里总共有6块橡皮，
黎明小学镜子里的橡皮则是数都数不清。
写写
所以黎明小学实验社
可优先取得3分。
太好了！
各位应该猜得到
实验主题了吧？
实验大赛第二场预赛
的实验主题就是
“折射与反射”！
咚咚

好，现在
我宣布第二场预赛“折射与反射”的相关实验正式开始！

好，来吧！
我们一定要获胜！
咚咚咚！

改变世界的科学家——爱因斯坦

阿尔伯特·爱因斯坦（Albert Einstein），念小学时就是班上的第一名。他在15岁时，因为受不了德国威权式的教育方式，自行从德国的中学办理退学，搬到意大利与家人会合。接着他连跳二级报考大学，但因语文科目不及格而落榜。爱因斯坦在1896年10月，前往苏黎世考进苏黎世技术学院。他在大学期间成绩优秀，但是曾经在进行物理实验时，因为不满意实验手册写的步骤，而按照自己的流程来完成。指导教授被这个举动激怒了，因此给了他不及格的分数。最后爱因斯坦以班上垫底的成绩毕业。

1905年，爱因斯坦在专利局工作之余，提出了三大重要理论：狭义相对论、光子假设、布朗运动理论。这三大理论在天文学、哲学等领域掀起一场物理学革命。爱因斯坦也因此被世人誉为“现代物理学之父”，成为20世纪最伟大的理论物理学家。

爱因斯坦因一篇解释光电效应的论文，在1921年获得诺贝尔物理学奖。另外，爱因斯坦在狭义相对论中，证明了时间与空间是具有相对性的，且没有任何物质的速度能比光速更快，并提出了质能方程（$E=mc^2$）。此外，他还运用数学概率的概念，证实不管粒子的运动有多么不规则，仍可以分析。这些理论都对科学领域产生了深远的影响。

以上所有革命性理论，都是源自爱因斯坦个人创意性的思考与热爱实验的精神。

阿尔伯特·爱因斯坦（1879—1955）
理论物理学家。突破近代物理学的极限，对物理学、天文学等方面有极大的贡献。

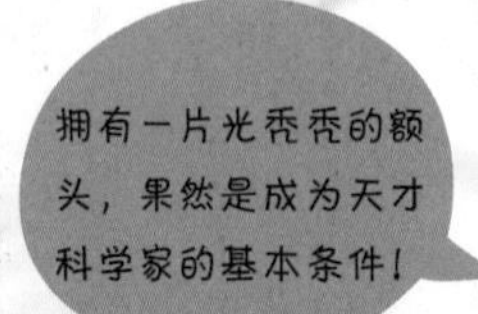

G博士的 实验室1
光与热

来，现在就等激光发射成功，实验就大功告成了！

啪！

啊！日光灯怎么会这个时候突然坏掉呢？
呼，我们趁机休息片刻吧！

不行！要马上换灯泡才行！
啊！

啊，好烫！
当然会烫啰！

实验室的安全守则！

一般来说，会发光的物体绝大部分也会同时发热。

尤其是日光灯，其功率的25%用来发光，剩下的75%用来发热。
光25%
热75%

所以接触会发光的物体时，应特别注意安全，以免烫伤。
更换日光灯时，记得要戴上手套！

第三部

面临危机

主题既然是
折射与反射，
我们进行与镜子
有关的实验如何？
大会预赛
第二
那么……
我们就制作潜望镜吧！
起
身

咔
嚓
等一下！
你知道潜望镜
是什么东西吗？
它跟光的反射
有什么关系啊？

滔滔不绝
潜望镜，是可以越过障碍物观看物体的工具。主要用于潜水艇或坦克，目的在于侦察或观测。
而且，潜望镜通过顶端镜面将光反射到底端镜面，再反射到眼睛，所以刚好符合今天的比赛主题！
啊！
赶快准备吧，否则快要来不及了。
咚
坦克？潜水艇？
心怡，你找到镜子了吗？
嗯，我找到了。
顶端？底端？
懊恼不已
我完全听不懂！
尺子和剪刀我找到了！还有……
到底要准备什么东西？

咔嚓
好，准备时间到此结束。
沙

呼，总算准备好了。

沙
……
沙沙
嗯？他到底在画什么？
哇，我也要跟着画！
他在画潜望镜的设计图。绘图时角度和尺寸必须非常精确，否则就会失效了。

好忙。

这里要
这样！
好忙，
好忙！

我也好忙。
啊，
好无聊。

好，设计图已经完成了。
啪

沙
现在把这个
剪下来……
等等！

报告书上
还没有画
好呢！
你看这样
对不对？
……
实验报告书

心怡，这个部分
由你接手好吗？
我来帮聪明修改报告书
的内容。
嗯，好。
不好意思，
不好意思！

这个部分就由我来，你先去帮聪明吧！
唰唰
心怡，我可以为你服务吗？
可以吗？拜托啦！
惊吓
不然我要哭了哟！
你呀……
泪流满面
好，给你。
我来准备粘镜子，你负责把这个剪下来。
没问题！
这个部分……
哦！
咔
沙沙
嚓
咔嚓
咔嚓
沙
挤

心怡，
我剪好了。
是吗？

不会吧，你怎么把它全部剪下来了？
天啊
什么？

嗯？我剪错了吗……
我剪得很漂亮呢……

这……这个只需剪下设计图的轮廓，
不是全部……
啊？

拍
桌
吃惊
啪

嗯?
范小宇。
嗒嗒
嗒嗒

你把那些纸板
放在桌面上。
哈哈……
对……对不起……
我不知道……

怎么
办?
你不说我也
知道，你什
么都不知道。

所以你什么都不必做。
咚
紧张
心怡，我记得我是
交代给你做的吧?
嗞……
对……
对不起……

胶带
贴
啪
压
折
沙
哇……
……
……

好，
完成了。
沙
哼，我来试试到底
能不能用！
哼。
啪

你说这东西就像在潜
水艇里一样……可以
看到上面，是吧？
我也要看。
坐下
哼，气死我了！竟然让
我在心怡面前出糗……

咚

喂，你不要再
摆那种姿势！
是真的，
看得很清楚呢！

一般镜面的反射效果
会让图像的左右相反，而潜望镜
把在顶端镜面左右相反的图像，反射
到底端镜面后，底端镜面会将图像再
左右相反一次，因此眼睛可以看到
与实际物体相同的图像。
沙
真的！
哦哦哦哦
怎么样？

呃……心怡，可以请你再说明
一次吗？我来不及抄下来。
嘿嘿

没时间了，
我来写算了。
给我吧！
沙

搔头
哼……

好，
时间到！
实验时间已经结束了，
请两队提交报告书。

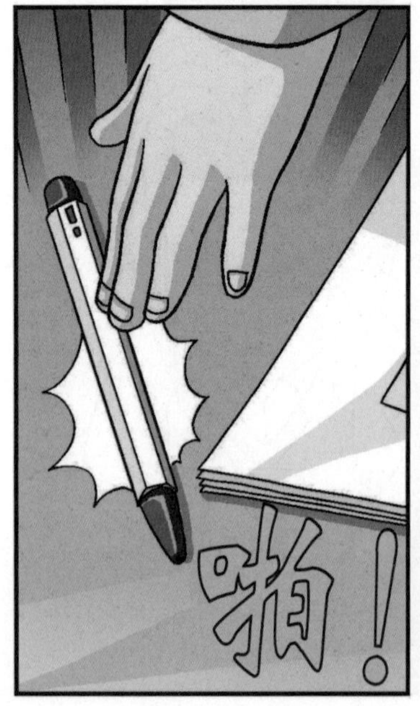
啪！

辛苦你了。
啪啪

哼，那个家伙实在是越看越不顺眼！
狂发牢骚

惊吓！
啊！这……这是？

你发什么牢骚啊？若不是士元，我们差点儿被你给害惨了。
你还好意思怪人家！
住嘴！

我可不这么认为，你给我走开！
哼！
死鸭子嘴硬！

嗯？看来他们的实验也结束了！

注[1]：复色光通过棱镜或光栅后，分解成的单色光按波长大小排成的光带，称为光谱。

这么说，他们同时证明了光的反射与折射，是不是比我们更有胜算呢？

他们的实验，
的确是比较接近今天的比赛的主题“折射与反射”，但是……

他们只使用了一面镜子。在实验过程中，如果没有使用全部的准备物品，是会被扣分的。

况且我们已经拿到了加分题的分数，放心啦！
兴奋

哼！
转

咚
咚
好的，各位请注意！
第二场预赛评分结果
已经出炉了。

首先，实验内容
与实验物品方面，
码头小学6分。
码头小学
6

黎明小学7分。
耶！
哇
哇
哇
哇
黎明小学
7

码头小学
9
实验报告书方面，
码头小学9分。
嗯。

黎明小学
7
黎明小学7分。

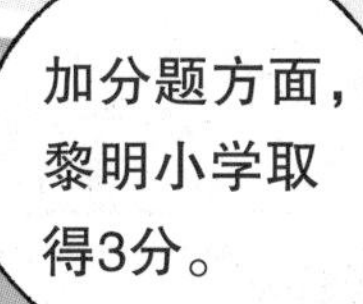

加分题方面，黎明小学取得3分。

所以总分是码头小学25分，黎明小学21分。

码头小学	黎明小学
25	21

咚

等一下！
怎么会是这种结果呢？对方不是没有完全用到准备物品吗？
挤
你说我们没用到哪一个准备物品？
哼，你以为我不知道吗？
嘿嘿嘿嘿
镜子！
拿起
就是这面镜子！怎么样？
哇哈哈
啊……

我们已经
用过啦！
呼
嗯？
就用在制作报告
书的时候啊！

报……
报告书？
啊？

码头小学队提交的
报告书，是利用光
的“反射”原理写
的。你们看看吧！

实验报告书
实验主题 光的反射
准备物品 白纸，镜子，水槽
预期效果 光射进水里会分散出不同颜色
天……天啊。上面的字
全都是左右颠倒的？
啊……！
咚
咚

我们利用光的“反射”原理，故意照着镜子写颠倒的。
报告书
报告书
列奥纳多·达·芬奇
这是列奥纳多·达·芬奇常用来写笔记的方法。
没错，要写出这种报告书，一定要利用镜子……
也完全符合比赛的主题。
怎么可能？
……！
您辛苦了。
您也是。
哇哇哇

哈哈哈
我们赢了！
哈哈！
对了。
还有……
请你们不要忘了你们是4个人。
在比赛的过程中，缺一不可。

心虚
啊……！

第二天早上
脚步
沉重

哦，这是谁呀？这不是刚吃过败仗的，黎明小学实验社的王牌吗？
咯咯咯

呼

咚咚咚
许大弘！

听说上次是靠
对方的失误取胜，
而这次却是败在
士元唱独角戏，
是吧？

你们也听说了
吗？的确是被士
元给搞砸了！
哈哈
这一招
没用呢……

他们没的
玩了！
反正下一场比赛也会
是同样的结局！
噗
没错，只靠
士元支撑的
烂实验社！
石化
听说其他人
全都是谐星
配角呢！

谐星配角
愤怒
兔牙、猴子、包子头，
你们三个是来找死的啊！

哇，我好怕哟！
你想一个打
三个吗？
咚
你是活得
不耐烦了。

啊！
啪
啊！
啪
啪

天啊，抱歉。我的脚怎么突然不听使唤了呢？
锵
你说什么？脚不听使唤？你是谁？
你真的想知道我是谁吗？

哼，你们一定会被淘汰的！
嗒嗒嗒
颤抖 颤抖

你永远只是一个配角，谐星配角！
你！

沙
哼，等着瞧吧！

小倩，谢谢你。
我先回去了！
好，拜拜。
咔啦
咔啦

哦，
那是小宇。

啪
小宇！
啊！
哎呀！
跌倒

躲起来
嗯？
奇怪？

小宇……
嗖

咔啦啦

喂，早啊！你今天
怎么这么早来？

你在念书
啊？
光线会反射、
弯曲、分散、
合成。
喃喃自语

哇，你是吃错药啦？
胜败乃兵家常事，又何必
这么在意呢？
哈哈
潜望镜
……

潜望镜利用镜子的
反射原理，镜子都是
呈45度角……
啊
居然不
理我！
90°
45°
45°
90°

唉……我如果
早知道就不会
被他们……
不会吧，
你怎么把它全
部剪下来了。
所以你什么
都不必做！
喂！

气死我了！
原来就是
这么简单！
砰

？
同学们，
我们没事。
在吵架吗？
什么事？

砰
喂，范小宇！
你给我出来！
惊吓

这到底是怎么回事？
我这么用心照料它。
可是红豆养了没几天
就枯萎了！你给我
一个解释！
咚
小宇面临危机了！
喂，你
起来呀！
真是气死
人了……
怒
关我什么事啊！
啊！
咚

红豆会枯萎，
是因为你自己没有
照顾好！
啊？

你胡说！这一切
都是你虚构的
骗局！
绝对没
这回事。
汝汝
高高
吊起

锵
哦！

我只是想让它们晒太阳。
蒙眬
泪眼
你看，我没有骗你，对不对？
啊，我的恋情遥不可及了！
呜哇哇

心怡果然是我的救星！
你不要高兴得太早。

午餐时间
吵吵 嚷嚷
哇哇

沙！
哼！

等着瞧，下一场预赛
我一定会发挥
实力的！
光的原理

面镜和
透镜的差异
是……
光会被
反射？
光能穿透？

士元，江士元！
吃惊
咦，这
不是心
怡的声
音吗？
士元，等一下。
沙沙沙

士元？
你找我有什么事？我现在要赶去……
我知道。你要赶去医院，对吧？
偷听

我不会耽误你很多时间。我……想送一个礼物……
啊！那……那是！

这是我用心栽培的盆栽。一个留给我自己……

一个送给你……
沙！
！！

为什么……

哎呀！你要好好照顾哟！
咚咚咚
哈

呜，心怡！你怎么会
依然迷恋那种无情
的家伙呢？
没关系，无论如何，
我都会等着你的。
极度沮丧

江士元！
你给我记住……
呼。

啊……
头晕

哼。
丢
垃圾桶

垃圾桶
砰
!!

啪！

没良心的
家伙……
你果然是一个
讨厌鬼。
气愤

颤抖
颤抖

你听着，把盆栽
给我捡起来！
垃圾桶
你知不知道这盆栽
对心怡有多重要？

就算你不想要，
也不应该丢进垃圾桶吧？

转……
你给我带回去！
啪
你未免也管得太多了吧？
你们真要这样浪费时间吗？既然你这么闲，何不多念一点儿书呢？
如果心怡把种盆栽的时间用来多做一点儿准备，上一场比赛我们就不会输得那么惨了。
颤抖
颤抖
你！
没错，我们是输了！
输在你傲慢、爱出风头的臭个性！

输在你藐视自己队友的态度！输在你爱唱独角戏的作为！
呼呼
呼呼
呼呼
可……可笑……
啊！
喂……士元！
虚脱
喂，江士元，你怎么啦？
你不要装了……
倒地
啪
喂，江士元！

如何运用凸透镜与凹透镜?

透镜是进行凝聚或分散光线时最常使用的实验工具，按照形状可分为凸透镜与凹透镜。

凸透镜是中央凸出的透镜，有会聚光线的作用，平行光束经凸透镜折射后会聚集，所以凸透镜又称“会聚透镜”。远视用眼镜、显微镜、放大镜等所使用的就是凸透镜。

凹透镜是中央凹陷的透镜，平行光束经凹透镜折射后会发散，所以凹透镜又称“发散透镜”。近视眼镜、光束扩展器等使用的就是凹透镜。

透镜使用方法

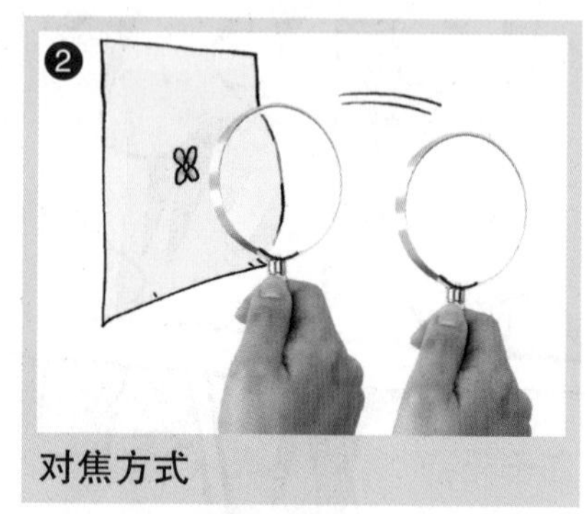

对焦方式

观察方法

保养方法

❶ 用一只手握住透镜的手柄。此时请注意，手不要直接触碰镜面。

❷ 重复将透镜靠近、远离观察物体，然后定位于影像最清晰的位置上。

❸ 观察时，眼睛、透镜及物体需在同一直线上。

❹ 使用后的透镜应用柔软的布擦拭干净，并妥善保管。

如何运用棱镜？

棱镜用玻璃或透光材料制成，最常用的是呈三棱柱状的“三棱镜”。棱镜的作用原理是：不同波长的光，颜色不同，折射率也不同，所以复合光束射入棱镜后，各自往不同的角度折射，于是便发生色散，分解出光谱了。

棱镜根据其功能具有各种形状与种类，因属于易碎物品，使用或保管时应特别小心。

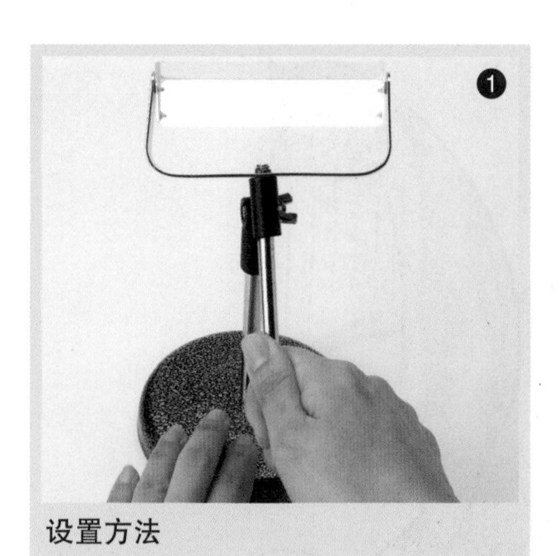
设置方法

投射方法

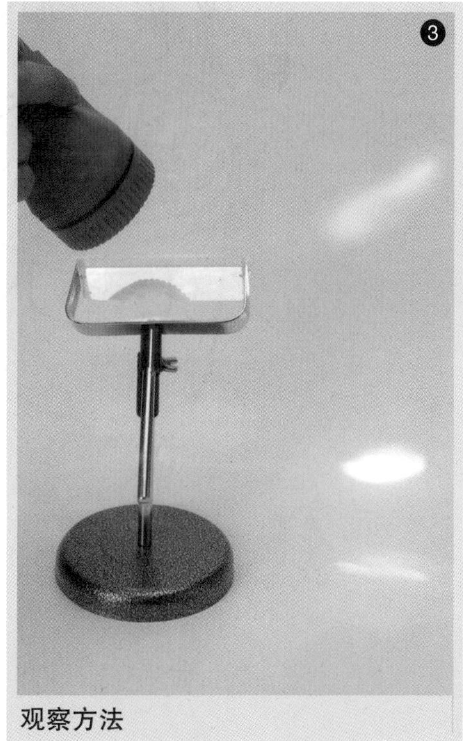
观察方法

❶ 将棱镜和白纸置于适当的场所，调整棱镜的角度并加以固定。

❷ 利用强光的手电筒，使手电筒的光线穿透棱镜。在户外利用阳光做实验时，请按阳光的方向调整棱镜的角度。

❸ 观察分散在白纸上的光谱。

第四部

缺席等于解散？

曾经是本校的骄傲，
也是本校实验社主力成员的
江士元同学……
昨天突然离开人世了。
是我的错！
如果我没有找
他吵架……
士元是……被我害死的！
没错，我早就在怀疑你了！
你是因为不想赔偿汽车修理费，
才蓄意置他于死地吧？

我……可以……不用
赔偿汽车修理费吗？
咦

想得美！
惊
吓！

既然士元同学不在了，
你就得全额赔偿！
紧抓
咦？

赶快付钱！
哇哈哈哈哈
没天理啊！
放开我！

臭家伙，
你想逃跑！
救命啊！
哇啊啊啊！
啊！

放开我！
砰
咚咚咚
唉……
嗯……？
原来是做梦
啊……

啾啾
听说士元昨天之所以会昏倒，
是特应性皮炎引起的。

哦，原来如此！这么说与我无关啰？
松一口气
我还听说，依他目前的病情来看，可能得住院一个多星期呢！

啊？一个星期？
嗯。

他昨天就是因为身体不舒服，才会赶着去医院。

看来他是因为输了一场比赛，所以承受了不少压力。

啊……
你给我带回去！
输在你傲慢、爱出风头的臭个性！

我今天要去医院探病，
小宇，你也一起来吧！
对呀，
再怎么说我们
都是朋友嘛！

我不要！
这一切都是……
自……
自……
自……
啪

自作自受？
对，
没错！

哼
难道我们
就没有压
力吗？

要去你们自己去吧！
我根本就不想去看他，
更何况他也不值得我去探病！
转身

放学后
闹闹
吵吵
嗒嗒
哼！
嗒嗒
实验室
没想到他们居然真的自己去了。
连连
抱怨
无情无义！

老师好！
大声
嗯？

你怎么会过来？你没有去医院探病吗？
啊，因为……
愣住

如果全部的人都去探病，就没有人可以留下来打扫实验室了！
自我辩解

而且实验室的打扫工作，我也不放心交给其他人去做……
变本加厉
咔嚓
哦，了解。
咔嚓

老师，请问您在做什么实验啊？
嗯！

老师正在做一个可以造福人类的重要实验！
咚
咚

你很好奇吗？
你想知道吗？
要我告诉你吗？
不，不用了。

叹气
除非那是可以变成透明人的实验。
透明人？

你想变成透明人吗?
哈哈!
当然想!
如果可以变成透明人,
唰唰唰唰
我就可以解决掉所有恼人的事情!
到处涂鸦也不会被抓住!
举手!
?
?
?
沙沙沙
噜噜
啦啦
是谁!
可以不用担心迟到会被抓住!
甚至也可以偷偷更改比赛分数!
哈哈哈!

就算变成透明人，你可能也没有办法做那些事情哟！
为什么？

所谓的“看”，
啊！

就是被物体反射的光，进入你的眼睛后，成像于视网膜，并传送到脑部！
脑
视神经
水晶体
视网膜
树！

倘若光无法成像于视网膜，而直接穿透的话，会有什么结果呢？
透明视网膜
该不会看不到任何东西吧？

答对了！若是变成透明人，视网膜也会变得透明，反而会看不到任何东西哟。
哎呀！
砰

不会吧！难道电影或科幻小说中所描述的透明人，都是虚构的情节吗？
你真单纯。
透明人
那只是电影而已！
透明人的爱情故事
对，电影或小说中所描述的透明人，的确是不符合事实的虚构情节。
隐身斗篷！
哈利·波特
所以就算变成透明人，你也无法做你想要做的事情。
哼
说得也是。看不到东西就等于没什么用嘛！
是啊，就跟即使自己很了不起，
但若失去了朋友，也就等于没什么价值，是一样的道理……
心虚

对了，听说士元
无法参加最后一场
预赛了！
咚
咚
咦？

那……不就变成
只有我们三个人
参加比赛了吗？

是啊，或许
我可以找其他人
替补上阵。

但若找人替补，按照大会规定，
士元出院后也不得再参加比赛。

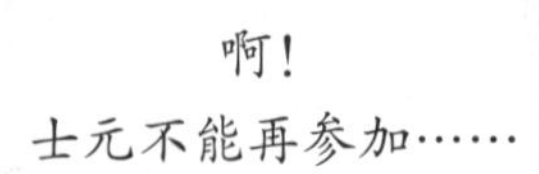
啊！
士元不能再参加……
紧张

这件事情就由
你们来做决定吧！

如果这时
找人替补士元
的话……
不行，实验社的确
不能没有士元！
哦，
好……
不过，
这么一来……

实验室
无论如何，你们
应该要团结一致。
咦？
……！
紧张
否则这场预赛，
有可能是你们的
最后一场比赛。
咔
咚
咚

吵吵闹闹
哗哗
你说，这次只有我们三个人出赛?
唉
呼，这样实验社岂不是等于要就此解散了!
什么叫解散?
想办法赢得这次的预赛不就得了!
哼!
请你面对现实好不好?没有了士元，我们靠谁赢得比赛呀?
靠你这种笨蛋啊?
什么?

俗话说得好，
“没有三两三，不敢上
梁山”。
我有几两
重呢？
啊？
再这么
下去……

唉，
我们就完了！
唉！
沮
丧

喂！你们两个
在干吗？

心怡，你不是比任何人
都喜欢做实验吗？
锵
聪明，你不是
拥有过人
的常识吗？
再说……

锵
锵
我范小宇
虽然平常有点
不正经，
但在紧要关头
却能灵机一动，
变成天才！
锵
真是无可救药……

无论如何，我们都要想
办法赢得这场预赛。
一定要获胜！
咚咚咚咚
欢迎
范小宇！
啊，天啊！
范小宇！
我就知道会有
这么一天！
我听到江士元
病倒的消息
了！
范小宇
咚
咚

所以呢？

没有江士元的实验社，
就如同没有雪的滑雪场、
没有水的游泳池！也就是说，
实验社的解散只是时间早晚
的问题！
没错！
没错！

你何不选择这个
时候放弃实验社，加入
我们的跆拳道社呢？
哼！

你们俩给我听好！

咚、
原因是我们都
非常喜欢科学！
我们实验社绝对
不会解散！
咚、
而且，我们一定
会晋级这一届比赛
的锦标赛。
队长……
臭家伙！
哎呀！

你终于说出
一句人话了！
没错，
我们可以的！
一定会办到的！
啪
兴奋

脚印
加油！
加油！
死家伙。
范小宇，
你胆敢拒绝我？
干吗？
这次你
真的死定了
……
队长！
握
队长，我们不是已经说好了吗？
啊！
咚咚咚
你给我站好！
砰砰砰砰
救命啊！
啪啪！
啊！
不要跑！
咚咚咚
哎呀！

医院
你真的是他的朋友吗？为什么不问清楚再过来呢？
服务台

哎，要我说几次啊？我真的是他的朋友！
你就再帮我查一下嘛！
啪
你说他叫江什么？

他叫江士元，要说几次！
啊！
大吼

你在这里干什么？
沙

吓

哇，
你……你的脸！
全身
我没有
看错吧？
颤抖

哼
你给我
回去！
咯咯咯咯

哼！我还以为
你痛到动弹不得，
结果没事嘛！
哈哈
哼！
呵！

……
嗒嗒
嗒嗒
嗒嗒
……

你是来照X光
的吗？请等
一下哟！
好。

咦？

放射科
唰
小朋友，你知不知道
这里很危险？
辐……辐射线？
哇啊
唉……

辐射线会使细胞内
的DNA突变，引发各种
副作用。你要是在这里
站久了，可能会
患癌症。
癌症！
吃惊

那……
那我先告辞！
转
身
……

呼。

我刚才讲的是原子弹爆炸了才会发生的现象。其实阳光、地表、家电等，都会释放出辐射。
砰砰砰砰
也就是说，我们平常都暴露在轻微的辐射下。

！！
你那是什么笑声？
停住

地表和阳光怎么可能……
你把我当笨蛋是吧？你以为我会被你骗第二次吗？
呵

又在装懂了！
伽马射线
X射线
紫外线
可视光线
紫外线
无线电波
不可见光
可见光
不可见光
我告诉你，可见光只占电磁辐射的一小部分。
果然是笨蛋！

注[1]：E是能量，m是质量，c是光速，质量和能量可以相互转换。

呆

看来你还是听得一头雾水。
讲简单一点儿，就是指光具有无限的能量。

你真的是博学多闻。
江士元。

呼
也难怪你的脑袋里，根本没有关心他人的空间。

什么？

你知道吗？
嚓
透明人无法做到
最重要的事情，
就是……

是看不到
吧？
对，
没错。
嗯！
虽然很多人说我长得
很帅、很风趣，
又很完美！

但是如此完美
的我，偶尔也会
忘记一件很重要
的事情。
？
边走边说

咚、
就是你我都
非常关心独一无二的实验社。
我们永远是朋友……

朋友……
咚咚

你放心！
这次就算没有你，我们也会赢得比赛的！

加油！
士元，我们会等你哟！
他变了……
你就等着参加锦标赛吧！

用手电筒表演光魔术

实验报告	
实验主题	色光的三原色为红色、绿色及蓝色。只需利用这三种色光，就可以制造出几乎所有的色光。
准备物品	❶白纸　❷玻璃纸（红色、绿色、蓝色各1张） ❸手电筒（3个）　❹橡皮圈（若干） 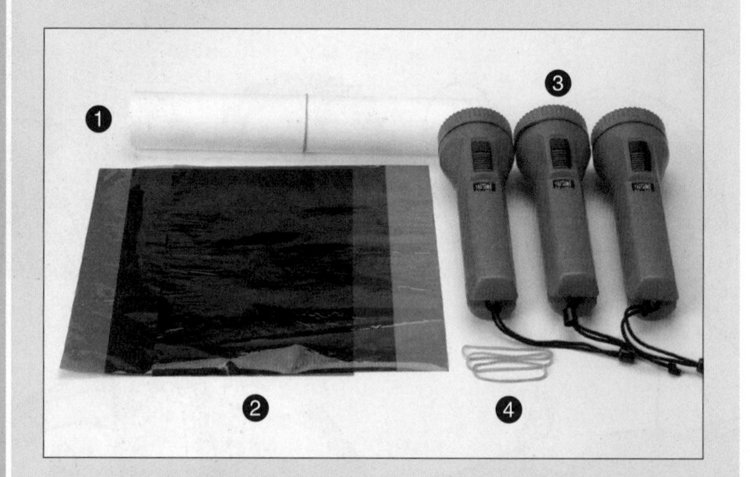
实验预期	用三种色光的手电筒重叠照射时，会呈现出完全不同的颜色。
注意事项	❶ 实验场所尽量保持阴暗，以便更好地观察手电筒照出的颜色。 ❷ 避免玻璃纸产生褶皱。

实验方法

❶ 将红色、绿色、蓝色玻璃纸对折，并用橡皮圈分别将它们捆绑在三个手电筒的头部。

❷ 用红色和绿色光的手电筒重叠照射在白纸上，并观察其结果。

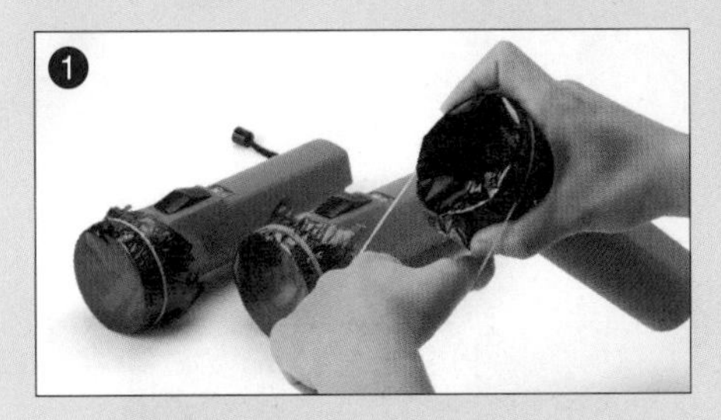

❸ 用红色和蓝色光的手电筒重叠照射在白纸上，并观察其结果。

❹ 用蓝色和绿色光的手电筒重叠照射在白纸上，并观察其结果。

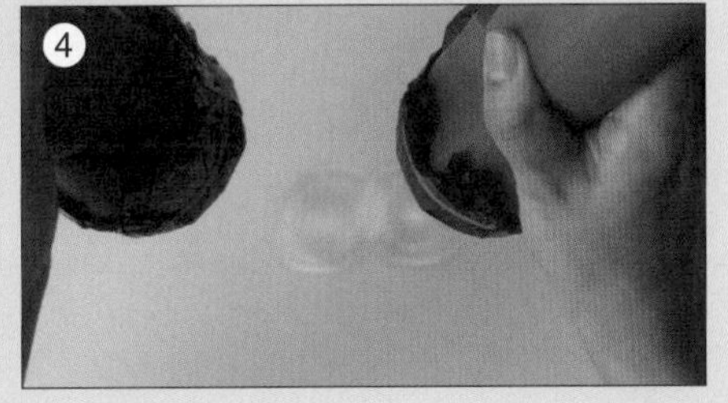

❺ 用红色、绿色、蓝色光的手电筒重叠照射在白纸上，并观察其结果。

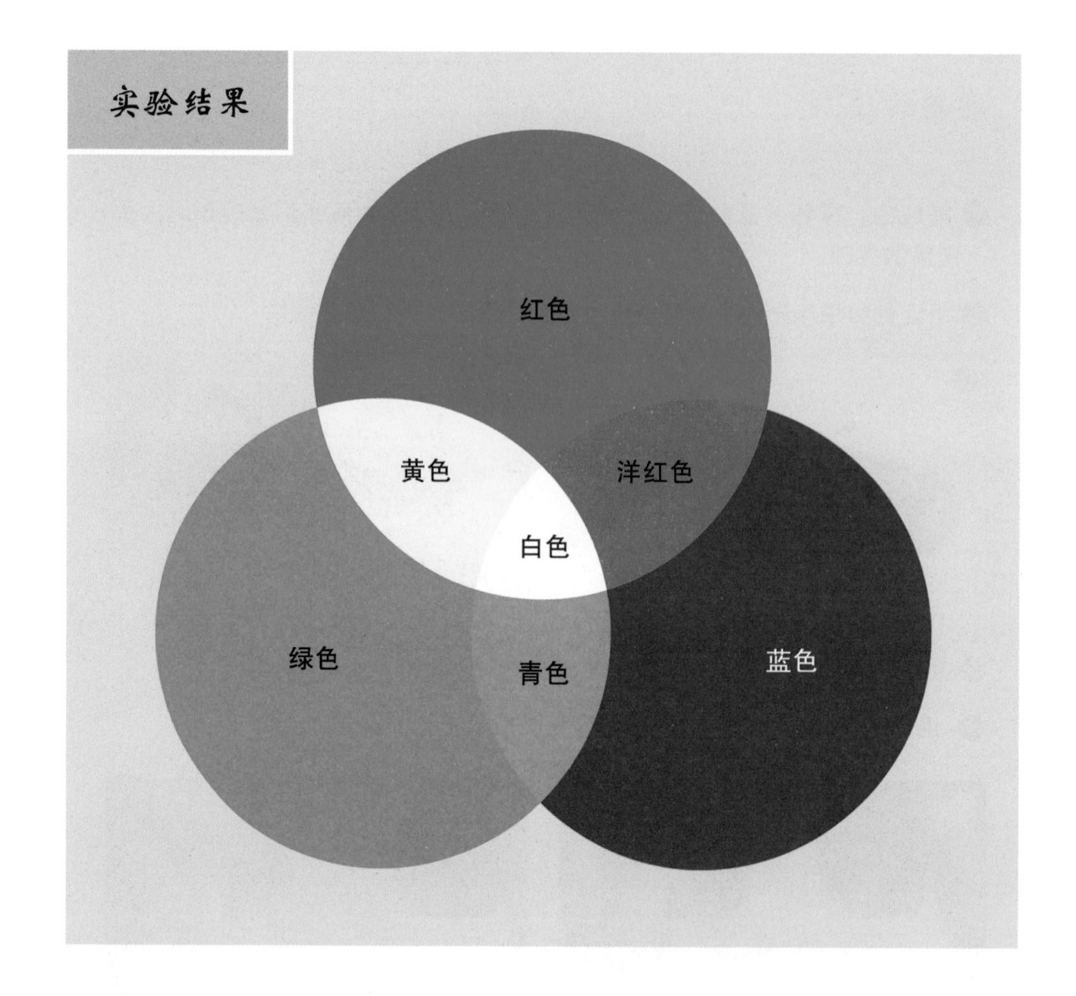

这是什么原理呢?

物体的色彩是某部分色光被该物体反射后，才被观察者看到的。而除了被反射的光之外，其他色光可能是直接穿透，或是被该物体所吸收。

举例来说，树叶之所以呈现绿色，是因为树叶只反射绿色光，其他的色光均被吸收；白纸或牛奶之所以呈现白色，是因为反射了所有的色光；黑色物体则因为吸收了所有的色光而呈现黑色。

光大致具有直线行进、反射、折射等基本性质，另外还具有合成的特性。通过前面的实验可以得知，当两种以上的色光混合时，会合成为完全不同的色光，而且这些色光经混合后，会得到比原来色光更明亮的色光。

G博士的实验室2

光的折射

实验室的安全守则！

河海的实际深度永远会比肉眼所见的还要深，原因就在于光的折射。

而玻璃温度计的刻度前方设计成凸柱状透镜，其目的就是将内部管径极细的红色液柱，放大至便于观察的宽度。

因此读取温度计刻度时，除了视线需与刻度垂直外，也要正对柱状透镜，才能看到液柱的最大宽度。

第五部

神秘的指导老师

嗒
嗒
嗒
嗒
同学们，糟糕了！
重要新闻！
咔啦

怎么啦？
哗哗
发生了什么事？
哗哗
哗哗
快说啊！

听说明天预赛的对手中庸小学，是实力超强的队伍啊！

唉。
真是无聊。
这关我们什么事啊！

真的？
他们不是第一次
参加比赛吗？
心怡！

我是从就读中庸小学
的朋友那里听来的，他说
中庸小学实验社早在好几年
前就成立了。
而且据说
他们的指导老师
在科学界名声非常
响亮，是个无人不
知、无人不晓的
名人！

还有他们已经
轻易打败了与我们较量过
的码头小学……
呜呼呼呼
啊
天啊，
好可怕！
真没想到对方居然有一位
这么了不起的老师……

所以呢，那又怎么样？

小宇……

既然明天与中庸小学的对决已成定局，就没有必要浪费时间多谈对方的细节吧！

也对，倒不如多花一点儿时间准备应战。

小宇说得没错。我们没必要为了这种事情提心吊胆。

小宇，你知道吗，你刚才挺像士元的嘛！
你不要拿我跟他相比！
啊啊啊！
小宇，你好酷啊！
紧急通报，紧急通报！
大吼
大叫

这是紧急通报！
实验社全体同学请立即前往实验室集合！报告完毕！
到底出了什么事？
好像很严重！
唰！
实验社有什么了不起啊？
吼……
快疯了！
怨声四起
嗒嗒
实验室
该不会是已经选定了新的成员吧？
嗒嗒
怎么会突然叫我们集合呢？
不会吧！

校长！
请问是什么
事情？
你们来啦！

明天是最后一场预赛。
我一想到这次只有你们
几个参加比赛，就……
您该不会
……
万一明天的比赛输了，
我一手辛苦建立的实验社
就会从此变成历史。

所以我决定要立即执行这件事！
什么事？

就是送
你们一个礼物！
石化
我的天啊！
原本计划在通过预赛后
送给大家的，可是已经没
什么差别了……
哭泣
嗯？这不是
实验服吗？
哇，
真的不错！
好棒！
你的背
后……
印有校长的
大头照！
啊？
咚
咚

啪
嚓
嚓
我脱！
哇！
这使我想起上次我一个人穿着制服，在众人面前出糗的往事。
这是流行时尚！
哈哈
全身颤抖
你记错了！我也穿了啊！

老师该不会这次也要穿吧？
当然咯！
您会后悔的！

白色的衣服比其他颜色的衣服，更能让人集中精神。
哗哗哗
再说，穿上实验服可以保护身体，避免药品污染到衣物。

锵
还有啊，印在背后的图案可以扰乱对手的注意力，这样不是很好吗？
我在补习班也总是穿着实验服哟！
还有一个好处，就是穿上实验服会显得更有实力哟！

这样你还是不想穿吗?
真的不想穿吗?
步步逼近
我当然要穿啰!
我穿!
哈哈哈哈
我们好久没有喊加油了吧?
啪
啪
啪
黎明小学实验社加油!
加油!

实验大会第三场比赛
叽里呱啦
这里就是比赛会场。
咔嚓
明亮又宽敞呢！

要赢得这场比赛，我一定要加倍表现才行！
今天我一定要向大家证明我的天才！
希望昨晚熬夜准备的内容能够派上用场！
同学们……
咳咳！
同学们！
所谓真正的实验，
就是以愉快的心情享受实验的乐趣，这也是迈向成功和胜利的捷径。
好！

咔嚓
嗯？

嗒
嗒
嗒
嗒
嗒
嗒
他们在干吗？
嘟嘟
嘟

他们是多胞胎吗？
应该不是吧？

入座

指手画脚

啪
沙沙沙沙
啊！

好像机器人。
好可怕哟！
他们在干吗？

咔嚓
请多多指教。
彼此彼此。

大家早安！我是这场预赛的监督官。
好漂亮哟！
两队人员都到齐了吗？可以开始比赛了吗？
是。

今天F组的两场比赛分别是黎明小学对中庸小学、高手小学对码头小学。巧合的是，目前四所学校的成绩都是1胜1败。
F 组
·高手 黎明败 中庸胜 1胜1败
·码头 中庸败 黎明胜 1胜1败
·黎明 高手胜 码头败 1胜1败
·中庸 高手败 码头胜 1胜1败
因此，谁能取得晋级锦标赛的资格……

……
咚
咚
将由今天这场比赛的胜负来判定。
咚
好！

另外，黎明小学实验社
有一名成员因私人事由
无法参加这场比赛。
所以决定以
三人进行这场比赛。
您已经同意了吧？
是。
点头

好，现在本人宣布黎明
小学与中庸小学实验社
的最后一场预赛
正式开始。
因为这场比赛的
主题有点儿难度，所以省略
抢答题，给各位多一点儿
准备时间。
请仔细听清楚，
并准备相关实验物品。
这场比赛的主题
就是……

“能量的转换”！

能量?
愣……
搔头
搔头

电，
算是能量吗?
是，我在
书上看到过!

没错，能量有
很多种，例如
热能和电能。
除此之外，移动中的物体
也具有“动能”。

嗯
所以，烧开水、点亮
的日光灯，以及滚动的球，
也都包含能量吗?
咕噜
咕噜
闪亮
电能
动能
热能
对，
热能使水烧开，
电能使日光灯被点亮，
动能让球持续滚动。

哎哟，
能量怎么那么多啊？
伸展
那么，这样的
动作也是能
量吗？
那是
动能。
那这个呢？
变
变
什么叫作
“能量的转换”？
我完全没有概念啊！
那是
……

所谓能量的转换，是指某一种能量
被转换成不同形态的能量。
我举电风扇运转的例子好了。
那是电能被转换
为动能的
例子。
动能
热能
电能
声能

我懂了！是不是就像摩擦手掌时
会发热那样？
对，没错！
那是动能转换为
热能的例子！
这样吗？

起身
嗯？

嗒
嗒
嗒
嗒

点头

伸手

什么，
难道他们有
心灵感应？
点头

小宇！你没看到他们
已经在准备东西了吗？
我们也快开始啊！
嗯？
好！
啪

不过我们连要
做什么实验都还
没有决定呢！
啊！
以往都
是由士元
做决定
的。

现在到底该怎么办才好呢？
啊！

卖力
能量的转换，
某一种能量被转换为
另外一种能量。
好，
我来想一想。
电能变动能，
动能……

势能、声能、转换……
搞得我快要疯掉了！
咚咚
咚咚

嗯？
没时间了

哼
这时候为什么
会想起士元呢？
真是气死我了！
我突然觉得
心里毛毛的！

等等……换作
是士元，现在
他会怎么做呢？
如果是他
……
……

看来你还是毫无
头绪，那就让我
简单地告诉你。
光具有无限的能量。
咚
嗯？

光能？
光能？
对，
没错！

有了，我们来
利用光能！

也就是说，利用光将能量……
有了！
我想到了！太阳能！就是将光能转换为……
摇头
摇头

啊，对！将光能转换为热能！
对！对！
啪
啊？

就像用放大镜让纸燃烧那样吗？
刺啦
对呀，那是利用凸透镜聚光发热的特性！
今天的天气很适合做这个实验！

嗯，虽然我没有亲自做过，但我记得在书上看到过！
咕噜 咕噜
利用数面镜子将光聚焦于中心点，把处在中心点的食物煮熟……

我们就利用这个原理
把水烧开，观察温度的变化。
这样就可以证明光能
的转换啦！
好棒！

烧水用的容器应该
选黑色才对吧？因为黑色比较
容易吸光，使物体
快速发热！
反射
吸收
哇！

好，
黑色容器就交给我吧！
我去找最
重要的——
镜子！
那我负责准备所需的其他
实验物品。

太好了，
出动！
咚咚咚
冲啊！

黑色容器……
没有黑色的！

油性笔
油性笔

啪

咚
油性笔

这里只有两面镜子，
这样不够用啊！

有了！
灵机一动

锵
铝箔纸

放置黑色容器用的烧杯！
固定镜面用的纸板！
保温用的海绵！
透明胶带
海绵
纸板
剪刀
烧杯
刀片
温度计
同学们！
准备时间到此结束！请开始进行实验！

呼，
总算准备好了。
不过要利用光做实验会需要很多时间，要加快速度才行。
咚咚咚
交给我吧！
首先，在水杯中加入约四分之一的水，然后测量水温。
聪明，你要写实验报告对吧？
当然！
来，准备好了！
水温也量好了！
嗯，19℃？
好，现在就利用透明胶带。
吱吱吱
封住纸杯的杯口，以免水温下降……
沙
接下来将铝箔纸粘贴于纸板的一面。

将贴有铝箔纸的那面朝内，
使之呈圆锥形并固定于杯口，
顶端要宽阔，以便吸收更多的阳光。
吱吱吱
沙沙沙
贴
把它放入烧杯内。纸杯与烧杯
之间的空间则放入碎海绵，
使纸杯维持原来的温度。
海绵
塞
塞
顶端突出的部分则用剪刀修剪整齐，
之后……
把它朝向阳光，再等待
结果就可以了！
沙
哇！

哇！
大功告成！
兴奋

好，我可以开始写实验报告了。
你不觉得我们很了不起吗？
嘿嘿
啊，对方在做什么实验呢？
完成了！

咚
咕噜
咕噜
咚
嗯？

他们到底在做什么实验啊？
那是……

看起来像是利用
水蒸气转动风车
的实验！
竟然有这种
实验？
噗呼呼呼
应该没错。
不过准备的物品
也未免太多了吧？
嗯？
沙
该……
该不会……
怎么啦？

风车是利用风力带动风车叶片旋转，
再通过增速提升旋转速度，来促使
发电机发电。照他们所准备的物品来看，
应该是用来制造风车。
吱
咔嗒
咔嗒
你是说……
风车？

……
对方的实力有点出乎我的预料。
咔嗒
咔嗒
哼

跟他们的实验相比，我们的……
紧张

简直是小巫见大巫了。

哼！嗯？
沙

点头

噗
嗯……

沙沙

插入

……

嗯？他到底
在看什么？

闪光
那位老师
在干吗？
噗噗

愣
天啊，搞什么？
怎么会做出那
种动作……

闪光
啊，
好刺眼！

哦，原来是手表
反射的光线！
闪烁

唰唰
闪烁
唰唰
闪烁

啪啪
指手画脚

沙
沙
等等！那是……

什么事情?

监……监督官，
那……那是……
他们是依照老师的指示在进行实验?
但是……
那是一种不正当的行为!
顿住

但是就算我说出来……
他们也一定不会承认的……
你在胡说什么？你有证据吗？
你竟敢诬陷对手，实验态度0分！
证据！

哼，那就用这一招。
哎呀！
跪
哎呀，我的脚麻啦！
？！
滚来滚去
……
您该不会因此扣我们的分数吧？

真是的。
无聊的家伙
我一定要想办法阻止他！
挖鼻孔
呼……
沙
哼
看起来还真像一只猴子。
那位老师正利用手势和手表给学生们传达暗号！
特别是他那只手表，他用它指示学生使用什么实验物品。
指手画脚
闪烁
我要阻隔光线才行！
小宇，你没事吧？
心怡，怎么样才能阻隔光线啊？
或者，有什么方法可以改变光的方向？

你要了解光的
性质。
光在均匀的介质中，
具有直线前进的特性，
若光遇到不同介质，
就会转弯而产生折射，
或是反弹而产生反射。
直线性
折射性
反射性

直线、折射、
反射……好！
我就利用它
好了——
遇到不同介
质而会反
射的特
性！
兴奋

有什么东
西可以用
来反射光
呢？
真吵！
东看看
西看看

小宇。
你是在找可以
反射光的东西吗？
我的项链可以借你用……
真的？
太好了！

咔嚓
啊！
这里怎么
会有士元
的照片？
难过
记得要还给
我哟！
哼
哼！很好，江士元！
现在轮到你上场了！
咚
咚

光的种类与性质

光是一种照在物体上，使我们可以看到物体的物质。光可分为太阳光这类自然形成的光，以及灯光等人工制造的光。光的速度是每秒约30万千米。理论上，比光速更快的信号是不可能存于这个世界上的。

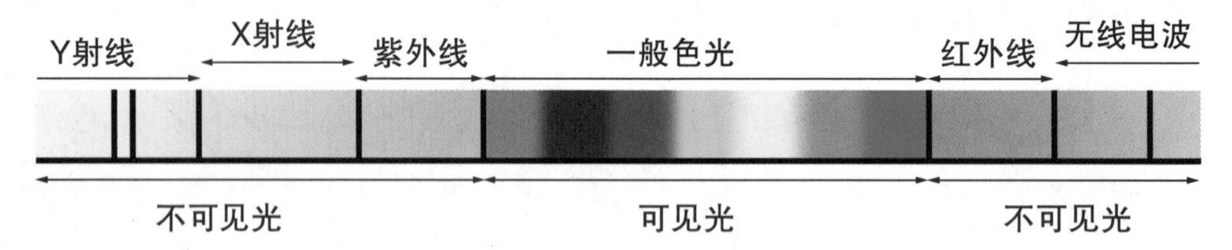

光的种类

红外线：与可见光或紫外线相比，在空气中比较容易穿透尘埃，因此被广泛用于红外遥感、夜间摄影、遥控器或自动警报器等。

一般色光：人类能用肉眼看到的光，例如红、橙、黄、绿、蓝、靛、紫等七色光，占太阳光中的大部分。

紫外线：紫外线可使皮肤灼伤，也会对人体造成某种程度的伤害，但杀菌效果极佳，因此被广泛使用于医疗、工业等领域。

X射线：物质穿透性极强，因而常被作为医疗或工业用途。例如医院中常用X光机拍摄人体内部的照片，便于医生诊断病情。

Y射线：物质穿透性最强的光，因而常被用于所需穿透力比X射线更强的医学、工业等领域。人体长时间暴露于Y射线下，人体内的正常化学过程将会受到干扰，严重的可以使细胞死亡。

与光有关的现象

影子：光具有经过折射率相同的介质时，总是直线行进的性质。因为这样的性质，当我们把不透光的物体放置在光行进的途中时，光就无法持续向前行进，物体背面就会产生影子。所以，我们可以通过手电筒、灯塔的光，来观察光的直射。

镜像：日常生活中使用的镜子，是利用在表面光滑的玻璃下涂一层水银之类的物质，反射出绝大部分光线的原理制成的。在天气晴朗时，平静的湖面也很像一面镜子，可以反射周围的风景，是摄影爱好者喜欢捕捉的画面。

彩虹：光从一种介质斜射入另一种不同的介质时，其前进方向会改变，这种现象称为光的折射。太阳光本身包含有不同颜色的色光，折射角也会不相同。所以在下过雨后，太阳光经过空气中小水滴的折射，常常形成色散现象，也就是彩虹。

第六部

反败为胜

闪烁
这里刚好有足够的阳光！
啪

唰

闪烁
反射了，好棒！

闪烁

筷子和木板……
木板
筷子
沙沙沙
啪
好，那我来照轮子！
轮子
啪

用同样的方法
把两样东西
粘上去。

好。
沙沙
点头

筷子。

还有
轮子。
拿

成功了，
他拿起我指示
的轮子了！

来，把这两个粘起来。
好。

?！

刺眼
嗯?

等一下，错了！
我指的不是那两个！

哼，
想跟我斗！

闪烁
啊，好刺眼！

站起
怎么搞的！

心怡，
需要我帮你吗？
咦？
嗯？

好，
再来
一次！
哼！

又来了。好，看我的！

啪

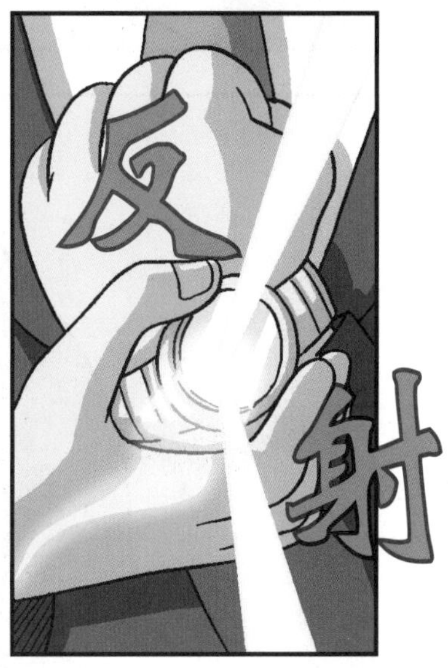
反射

啪
啪

咦，怎么会反射出两道光呢？

这个指示
到底是什么意思呢？
闪烁
闪烁

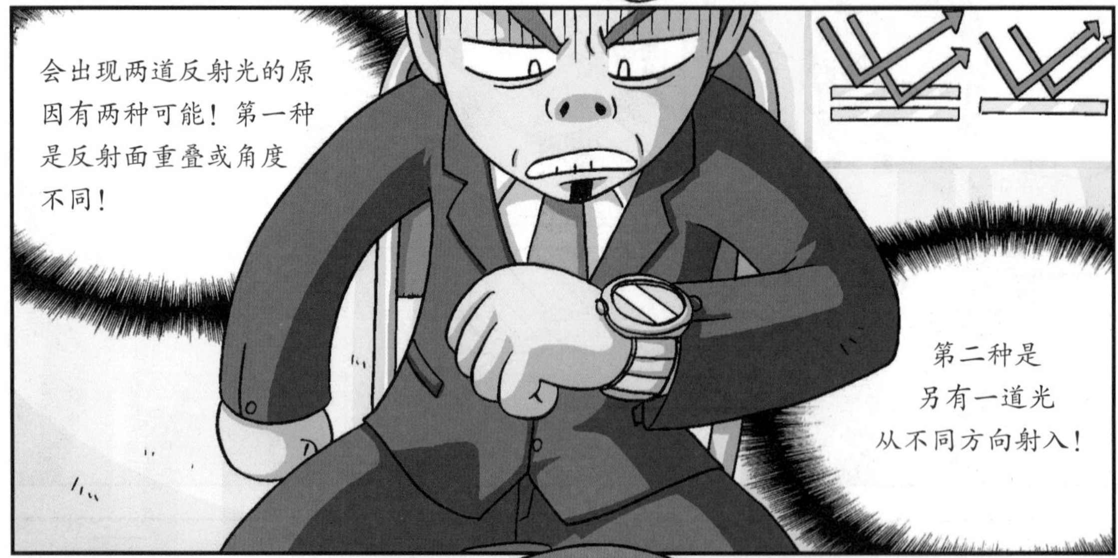
会出现两道反射光的原因有两种可能！第一种是反射面重叠或角度不同！
第二种是另有一道光从不同方向射入！

第一种是绝对不可能发生的！也就是说……
咚
一定有第二道反射光！
咚

啊？
那……
那是……
闪烁

请问您
有什么问题吗？

现在只剩下15分钟了，请两队准备提交实验报告。
可恶！

没有，没事。

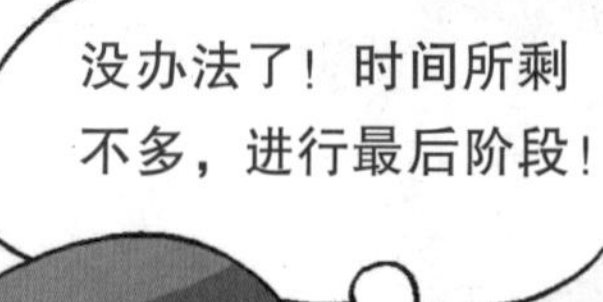
没办法了！时间所剩
不多，进行最后阶段！

点头

哼，想跟我玩
这一套？

我们也来确认
实验结果吧！
好。
看看水温
是否上升？

啪

拜托，
一定要上升啊！
上升了，
上升了！

你们看！
温度上升了！

真的！温度计上的温度是……

26℃，比原先上升了7℃！
哇，好感动哟！

我终于可以写出完整的实验报告了！
很好，记得不要写错字。
拍
拍

偷瞄

偷瞄
……
偷瞄

这是实验报告。
辛苦了。

有点儿奇怪！
中庸小学……

他们怎么会没有完成实验呢？
他们
会被扣分吧？
不过，
他们的实验的确
是有水平……

呼呼呼呼
咕噜
咕噜
……

根据实验主题“能量转换”。
黎明小学成功将光能转换为热能。
光能
热能
啪
啪
而中庸小学则成功将热能转换为动能。
热能
动能
那么，现在宣布两队的得分结果。
首先是黎明小学。
实验态度4分……
实验结果8分，实验报告6分！
4分？

总分为18分。
什么？18分？
唉
这是参赛以来的最低分。
哼

我……
我要抗议！
咦？
举手

可否请您说明本队实验态度低分的原因？我认为我们的默契和态度并没有问题！
更何况实验结果也非常成功！

同学，你叫什么名字？
我吗？我叫范小宇。

小宇同学，
你们的实验过程我
看得非常清楚。
不过……

心虚
我发现你关心
对方的态度，
胜过对实验的
态度。
!!

包括完成
实验时，
你为了观察对方的实验结果，
并未对自己的实验结果表现任何关心，
对不对？
那……
那是……
咚
咚
咚

那是有原因的！
你所谓的原因，
会比实验本身
还重要吗？

没有，
但是……
好，既然如此，
你应该无话可说了
吧？

是……
彻底
沮丧

怎么啦？你今天有点
儿怪怪的哟？

我想他
应该有他的
理由。

唉，看来
我们是没有
希望了。
真没想到我们
就此被淘汰
出局。

对……对不起。
哭泣
都是我不好……

不会啦，我们已经尽力了？
对啊。撇开胜负不谈，我们尽了全力不是吗？
点头点头
对吧？输不是因为我，对吧？
都是因为你……
好，接下来是中庸小学的得分结果：实验结果9分，实验报告8分！
实验态度6分，总分为23分！
23比18！

呼。

请大家
等一下。
愣住
这是在进行正当比赛时的得分，并不是结果。

因为这场比赛有人使用不当手段，
咚
所以我宣布取消中庸小学的参赛资格！
什么？
啊？
取消
参赛资格？

您以为
我们不知情吗？
自从贵校在第一场预赛败给高手小学后，我们就注意到同学们依照您的指示进行实验！
咚
咚
！！

你……你有什么证据？
惊慌
当时并没有掌握具体的证据。
因此我们决定注意观察这场比赛的进行过程，而且我相信小宇同学也察觉到了。
小宇，真的吗？
没错！一举一动都难逃我的法眼！
哦，难怪我觉得你有点儿怪怪的！
你以为你是福尔摩斯啊？

可恶！
闪烁
您因为小宇同学的阻挠而表现出惊慌失措，就是明显的证据。而且，您的所有动作和表情，都被监视器拍得一清二楚。

这一切都是为了孩子们啊！
赶快帮老师说话啊！
暗号
我不要。

为了维护孩子们的名誉，取消参赛资格的事情我不会对外宣布！因为我不希望因为您个人不诚实的作为，伤害到孩子们的未来！
不用再狡辩了！

至于您，将会被取消实验社指导老师一职！
绝
望

您全都知道啊！
您是我的偶像！

真正的比赛是两队实力的较量，所以关心对方的一举一动是理所当然的事。
对吧？没错吧？

但如果过于重视分数和胜负而失去实验精神，就不是从事科学研究者应有的基本态度哟！

无论如何，这次托您的福，让我得以检举对方的不当行为。
点头
点头

到此为止，
我正式宣布黎明小学与中庸小学的对决……
我们办到了！
黎明小学获胜！

翌日
上学时刻
黎明小学

没错，就是今天！
我要恭喜小宇晋级
锦标赛！

拿
下
呀
啊，
自行车的声音！
惊
哇！
咔嚓
咔嚓

沙沙沙
等一下！
等等我！
嘎嘎
啊！
恭……
恭喜你！
晋级了！
沙
嗯……
嗯。
紧张
我……
其实我……
从很早以前就
很欣赏你。
害羞
你是我的
偶像。
啊？
真的吗？
顿住
咦？这个声音是……

注视
你不是小倩吗？
啊！
小倩眼中的人物

注视

啊，好痛……

呜啊啊
啊！
闪开！
啊！
啊！
跑啊！

这里怎么
这么吵？
你在那里干吗？
啊……

小宇，终于有人
能够发现我的优点了！

小倩说……我是
她的
偶像！
呵。

你知道小倩
没戴眼镜时，
她的眼睛有
多漂亮吗？
噗！

难怪她不断
出现在我们
面前。
我怎么会没
有察觉到呢？
真是不可
思议。

我现在才发现，
原来小倩拥有一双
迷人的眼睛。
喂，醒一醒啊！
你是眼睛瞎了吗？
嗯？
我是说真的！

看来这和小倩佩戴的近视眼镜有关。
住嘴！
不会吧？

啊？近视……？

近视、远视、散光，都是视网膜不能正确成像的结果，佩戴眼镜是为了矫正视力。
近视因为成像在视网膜之前，造成看近清楚，看远不清楚。远视则是因为成像于视网膜之后，造成看远清楚，看近不清楚。
正常
近视
远视
散光
而散光则因角膜面呈椭圆球面，而非圆球面，使同一物体在视网膜上的影像超过两个，造成模糊或扭曲的影像。

矫正近视的方法，是佩戴凹透镜，
而矫正远视的方法，则是佩戴凸透镜。
这样能调节焦距，使成像刚好落在视
网膜上。
近视
远视
凹透镜
凸透镜
哇！

我一直以为凸透镜
是用来放大物体，而凹
透镜是缩小物体。
凸透镜
凹透镜

没错呀！倘若小倩近视，
她一定会佩戴凹透镜，
眼睛自然就会看起来
比较小。
原来
如此！

你看！
我说得没
错吧？
好啦，你
说得对。
嘀
嘀嘀

啊，是士元！
咔嚓

士元，
你已经出院
了吗？
啪

啪
嗨，
江士元！

嗯，对。
石化

你给我
站住！
经过这次的
经验，你一定感触
良多吧？
嘿嘿嘿
你既然看到我们
靠自己的能力赢得比赛，
应该很后悔过去你那
嚣张的作为吧？
不过只要你勇于认错，
并且说“对不起”，
或许我们可以原谅你哟，如何？
点头
对……
对不起什么？

什么？
这个家伙！
你还是
死也不肯认错，
是不是？

你知道我们三个人
应付对方四个人，
有多辛苦吗？
你知不知道啊？
别生气！

不用再担心了，以后我绝不会
缺席任何一场比赛的。
啊？
士元。
我发誓！

当然也不会再发生
只得18分，而让学校
颜面尽失的事。
心虚
好啊，你这
个臭家伙！
今天我不会
放过你的！
忍耐！

抓好哟！
他敢站起来
我就扁他！
窃窃私语
等着瞧吧！
江士元！
总有一天，我一定会让
你甘拜下风的！

敬请期待 科学实验王 4

照相机的科学原理

照相机是利用光的性质来留住影像的机械装置，其原理是利用物体反射出来的光，通过光圈和透镜焦距的组合，使物体成像于感光底片上。

19世纪中期由法国人达盖尔（Louis J. M. Daguerre,1787－1851）发明的银版摄影技术可视为现代照相机的始祖。之后历经快速发展，目前银版摄影技术除了用来拍摄人物或风景外，更被广泛使用于医学、工业、学术等各种领域，用来拍摄显微镜照片、航空照片、天文照片等。

取景器是为确认取景范围、构图、聚焦状态等条件。穿透镜头的光线，在快门还未打开之前，会先经过反射至五棱镜，再由取景器进入摄影者的眼睛。

镜头是相机的灵魂，由凹透镜及凸透镜等数片透镜共同组成，作用是将物体反射出来的光线折射到底片上后成为影像。

快门用来控制底片的曝光时间，快门迅速开启、闭合的一瞬间，底片就已经感应到光线，并且把影像记录下来。

光圈是用来调节进入镜头光量的装置，若调节不当，影像就会偏亮或偏暗。

传统照片的成像步骤

首先，通过取景器观察要拍摄的景物，决定取景范围与构图后，按下快门。被拍摄景物反射的光线通过照相机的镜头，由光圈调节光量大小后，成像于底片上。

光线在底片上留下的影像，只是所谓的“潜影”，必须经过冲洗步骤（显影、停影、定影），才能将影像留在底片上。

接着再通过放大机，将底片上的影像投射到相纸上。然后再经过冲洗步骤，才能将影像留在相纸上。

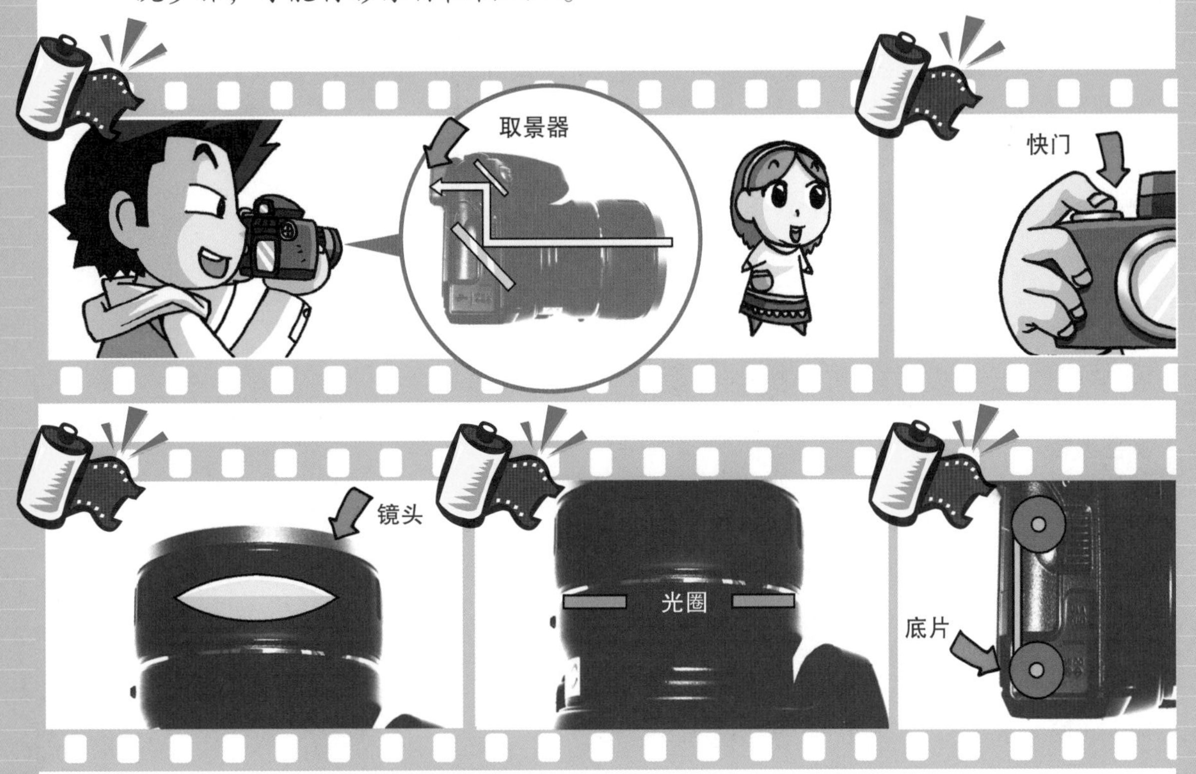

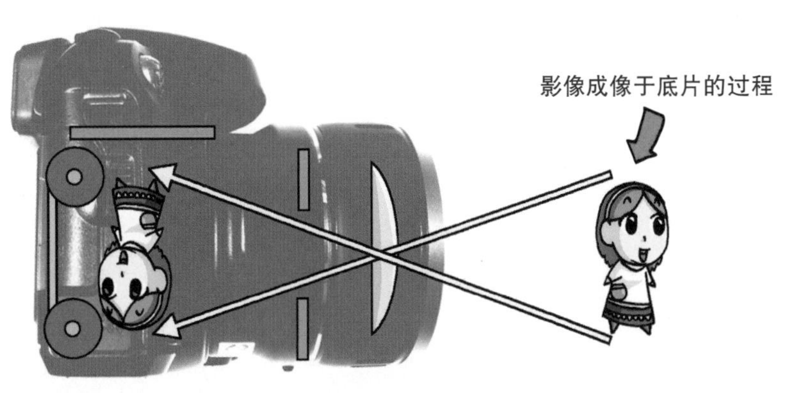

图书在版编目（CIP）数据

光的折射与反射/韩国小熊工作室著；(韩)弘钟贤绘；徐月珠译. 一南昌：二十一世纪出版社集团，2018. 11(2024. 3重印)

（我的第一本科学漫画书. 科学实验王：升级版；3）

ISBN 978-7-5568-3819-6

Ⅰ. ①光… Ⅱ. ①韩… ②弘… ③徐… Ⅲ. ①光折射－少儿读物②光反射－少儿读物 Ⅳ. ①0435. 1-49

中国版本图书馆CIP数据核字(2018)第234055号

版权合同登记号：14-2009-110

我的第一本科学漫画书
科学实验王升级版❸光的折射与反射 [韩]小熊工作室/著 [韩]弘钟贤/绘 徐月珠/译

责任编辑	邹 源
特约编辑	任 凭
排版制作	北京索彼文化传播中心
出版发行	二十一世纪出版社集团（江西省南昌市子安路75号 330025） www.21cccc.com（网址） cc21@163.net（邮箱）
出 版 人	刘凯军
经 销	全国各地书店
印 刷	南昌市印刷十二厂有限公司
版 次	2018年11月第1版
印 次	2024年3月第12次印刷
印 数	78001～83000册
开 本	787㎜×1060㎜ 1/16
印 张	13
书 号	ISBN 978-7-5568-3819-6
定 价	35.00元

赣版权登字-04-2018-401

购买本社图书，如有问题请联系我们：扫描封底二维码进入官方服务号。服务电话：010-64462163（工作时间可拨打）；服务邮箱：21sjcbs@21cccc.com。